配电网作业的生命禁区

贵州电网有限责任公司安全监管部　组编

中国标准出版社
北　京

图书在版编目（CIP）数据

配电网作业的生命禁区 / 贵州电网有限责任公司安全监管部组编 .—北京：中国标准出版社，2019. 2
ISBN 978-7-5066-9222-9

Ⅰ. ①配⋯ Ⅱ. ①贵⋯ Ⅲ. ①配电系统—安全技术—
Ⅳ. ① TM727

中国版本图书馆 CIP 数据核字（2019）第 020665 号

中国标准出版社出版发行
北京市朝阳区和平里西街甲 2 号（100029）
北京市西城区三里河北街 16 号（100045）
网址：www.spc.net.cn
总编室：（010）68533533　发行中心：（010）51780238
读者服务部：（010）68523946
中国标准出版社秦皇岛印刷厂印刷
各地新华书店经销
*
开本 880 × 1230　1/32　印张 2.5　字数 52 千字
2019 年 2 月第一版　　2019 年 2 月第一次印刷
*
定价：28.00 元

编委会

主　　编　张正义

编写人员　王维耀　李虹佑　唐勋华
刘晓蓉　夏　江　任昌勇
雷开亮　黄宏兵　肖鸿文
曾开锦　石　伦　王　安
王　浩　张朝银

序

电力生产关系着国计民生，是一项十分复杂的系统工程，生产安全是这一系统工程中诸多因素综合作用的结果，是电网企业永恒的主题。贵州电网有限责任公司（以下简称：公司）深入贯彻落实习近平新时代中国特色社会主义思想和党的十九大精神，积极践行国有企业的责任与义务，确保了安全生产局面的持续稳定，保障了贵州社会经济发展和人民生活的电力供应，践行了公司“满足人民追求美好生活的电力需要”的使命与承诺。

安全生产是电网企业生存和发展的基础。但长期以来，电网企业安全生产普遍面临历史遗留问题多、电网结构复杂、客户用电质量诉求日益强烈等困难，新老矛盾相互交织，导致安全生产风险管控难度较大，电力安全事故多发。尤其是配电网，作业人员普遍存在安全意识不强、风险认识不到位、业务技能水平参差不齐、作业行为不规范等问题，在面临复杂作业环境时，极易忽视规程要求，漠视安全风险，从而引发人身伤亡事故。如何在现有的软硬件条件和人力资源配置情况下，充分发挥人的主观能动性，提升配电网运维人员的安全意识和安全技能，有效落实安全措施，规范作业步骤和作业行为，管控好现场作业风险，避免人身安全事故发生，实现安全生产，是所有电网企业必须解决的实际问题。

张正义等同志通过广泛调研和培训实践，结合电网企业生产实际，全面梳理了配电网作业风险和现场作业人员长期形成的认识误区，总结提炼并编著完成《配电网作业的生命禁区》。该书聚焦配电网现场作业的主要危险点，从常见问题切入，分析了存在的风险和造成风险的原因，并通过事故案例举证及图示说明，清晰直观地展现了危害、后果和暴露的问题，叙述简洁、逻辑清晰、定论准确。相信本书的出版，对配电网管理人员开展作业风险评估，以及配电运维人员学习、规范现场作业行为具有非常重要的参考作用。

2018年12月

前言

本专家团队集思广益，通过广泛调研和培训实践，全面梳理配电网作业风险，揭示现场作业人员长期形成的思想认识误区，提炼总结为作业生命禁区（15 颗地雷），编著成书。本书分为七大部分，即：保证作业安全的基本准则、图说配网、配电网作业危险点辨识、生命禁区（15 颗地雷）详解、事故案例、《南方电网电力安全工作规程》条款对照及贵州电网公司 A 类违章条款。

保证作业安全的基本准则和图说配网部分由张正义负责编写，简单明了，提出作业人员应当遵循的基本准则，系统描述电网各要素及其关系，展示配电网在电网中的位置、地位和管理关系，剖析配电网存在的管理问题；配电网作业危险点辨识部分由王维耀小组负责编写，基于配电网作业场景，全面梳理作业风险及产生的原因；生命禁区（15 颗地雷）详解部分由李虹佑小组负责编写并配图，对作业风险进行细化，包括场景、疑问、认识误区及防范风险的基本要求；事故案例部分通过事故分析，让阅读人员直观感受事故后果及发生的原因；《中国南方电网有限责任公司电力安全工作规程》条款对照部分通过对标国家电网、南方电网安全规程规定，提供执行依据；贵州电网公司A类违章条款部分可为学习者提供参考资料。

由于水平所限，书中不当之处在所难免，恳请批评指正！

编者

2019年2月

目 录

第 1 章　保证作业安全的基本准则

作业安全基本准则如下：

（1）正确选用安全工器具和防护用具；

（2）倒闸操作过程中始终认为设备带电并保持规程规定的安全距离（见表 1–1）；

（3）采用正确的操作顺序和方法；

（4）始终在接地线（接地刀闸）保护范围内作业；

（5）邻近带电设备作业设专人监护；

（6）高处作业必须系好安全带。

表 1–1　人员、工具及材料与设备带电部分的安全距离

电压等级/kV	安全距离/m	
	在带电线路杆塔上工作与带电导线最小安全距离	邻近或交叉其他电力线工作的安全距离
10及以下	0.7	1.0
20、35	1.0	2.5
66、110	1.5	3.0
220	3.0	4.0
330	4.0	5.0
500	5.0	6.0
750	8.0	9.0
1000	9.5	10.5

第 3 章　配电网作业危险点辨识

3.1　配电网作业的 15 颗地雷

表 3-1　15 颗地雷一览表

序号	场景	行为	可能的危害（禁区）	认识误区	防范要领	事故案例
1	变电站出口	杆塔上作业	感应电	认为线路已停电，并验电接地，无来电可能	使用个人保安线、专人监护	江西赣州电力公司“5.20”人身伤亡事故；河南安阳“7.7”人身伤亡事故
		电缆作业	残余电压	变电站首杆工作时，未考虑到引出线为电缆	验电、放电、接地	

表3-1（续）

序号	场景	行为	可能的危害（禁区）	认识误区	防范要领	事故案例
2	高压配电线路	高压绝缘导线作业	高压触电（残余电压）	认为高压架空绝缘导线是绝对绝缘的	视为带电、不得穿跨越、开断时戴绝缘手套	贵阳供电局“5.10”外包施工单位人身触电死亡事故
		开断耐张杆引流线	异常电压	未考虑到耐张杆两侧线路的运行环境和其他突变因素，如一侧有高电压线路跨越，可能产生数量级较高的电压差	在两侧验电、接地	兴义供电局代管兴义市电力有限责任公司“5.7”人身触电死亡事故
		砍剪树木	放电	认为只要不接触树木就是安全的	保证安全距离、控制倒向	广东电网汕尾供电局“7.30”输电运维人员电弧灼伤事故
		遥测线路参数	突然来电	认为线路已停电，并验电接地，无来电可能	使用绝缘垫，穿绝缘靴，戴绝缘手套	江西5.20人身伤亡事故

表3-1（续）

序号	场景	行为	可能的危害（禁区）	认识误区	防范要领	事故案例
3	低压线路	低压不停电作业	潮湿的地面	认为电压低、电流小，曾经多次触电都没事，未考虑到人体完全接地的情况	站在干燥的地方，穿绝缘鞋和棉质工作服，戴手套、不同时触碰两根带电的裸导线	2011年8月8日，广东汕尾陆河供电局劳务派遣工巡线过程中触电死亡事故
4	开关设备	操作开关设备	电弧	认为距开关位置较远，即使操作错误也没事，应该不会伤害人	按正确顺序操作，正确使用绝缘安全工器具及防护用具	海南万宁供电局“9.17”人身死亡事故
		操作令克（跌落式熔断器）	落物	没有考虑到异物掉落可能伤害人的眼睛	戴安全帽、戴护目眼镜	
		拉开令克	高压漏电	误认为拉开令克就是明显断开点	验电、接地	海南琼海供电局“9.17”人身死亡事故

表3-1（续）

序号	场景	行为	可能的危害（禁区）	认识误区	防范要领	事故案例
5	配电变压器	变压器台架上工作	安全距离不足	未考虑到人员活动空间、工具和材料与带电设备的安全距离	保持安全距离，做好监护	云南电网昭通供电局“8.8”配电运维人员触电死亡一般人身事故
			配变不完全停电	未认真核实操作后状态；认为变压器就是降压器，低压侧可以不断开，装设接地线就可以了	完全停电、接地，低压侧无断开装置时，应设法开断低压侧导线	贵州兴义供电局“6.14”劳务派遣人员触电事故
		解开变压器接地线	异常电压	认为接地线无电流通过	辅助接地，解开时戴绝缘手套，不应触碰未接地的一端	
		共用接地两台配变停电检修	异常电压	认为与另一台变压器无关	将另一台变压器同时停电	

表3-1（续）

序号	场景	行为	可能的危害（禁区）	认识误区	防范要领	事故案例
6	其他	配电网作业	反送电	交叉跨越、用户自备发电机、分布式新能源供电可能产生返送电	采取物理断开、装设接地线等措施，低压可采用不停电作业方式	南网能源公司珠海综合能源有限公司“6.23”外施工单位人身死亡事故

3.2　配电网作业的 15 颗地雷分布

15 颗地雷分布见图 3–1。

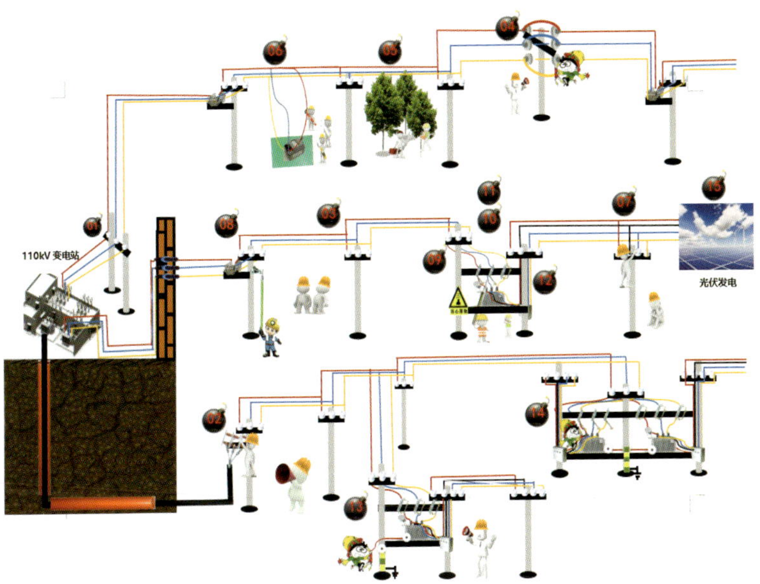

图 3–1　15 颗地雷分布图

第 4 章　生命禁区（15 颗地雷）详解

4.1　变电站出口

4.1.1　地雷 1：变电站出口处工作感应电伤人

（1）场景（见图 4-1）

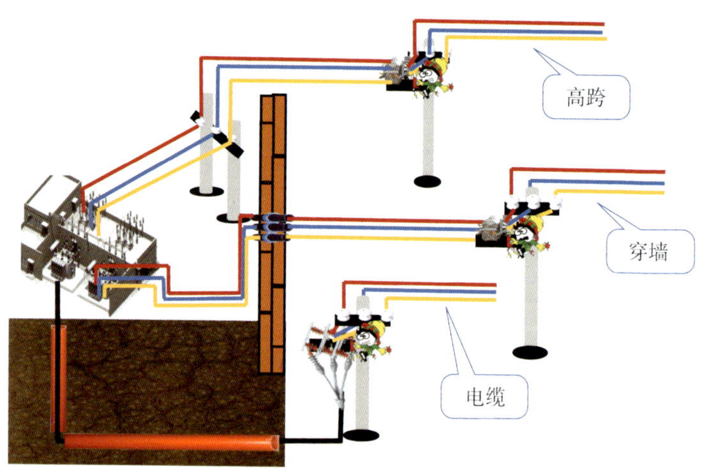

图 4-1　变电站出口处（三种出线方式）

（2）问题

1）疑问

①应使用哪一种工作票？

②厂站侧装设的接地线（或合上接地刀闸）是否可以作为现场封闭接地?

2）认识误区

工作地点两侧装设了接地线，就完全保证作业安全。

（3）问题分析

1）风险：感应电伤人。

2）原因：厂站出口处设备密集、各种电压等级交错，容易产生感应电。由于工作地点与接地点之间存在大量分布电感和电容，对工频电压而言，形成较大等效电阻，不能将作业地点电压钳制到零电位。

（4）基本要求

1）登杆前核对编号无误。

2）使用个人保安线。

3）设专人监护。

4.1.2　地雷 2：变电站出口电缆作业残压伤人

（1）场景（见图 4–2）

（2）问题

1）疑问

①应使用哪一种工作票?

②厂站侧装设的接地线（或合上接地刀闸）是否可以作为现场封闭接地?

2）认识误区

在线路上工作是安全的。

（3）问题分析

1）风险：残压伤人。

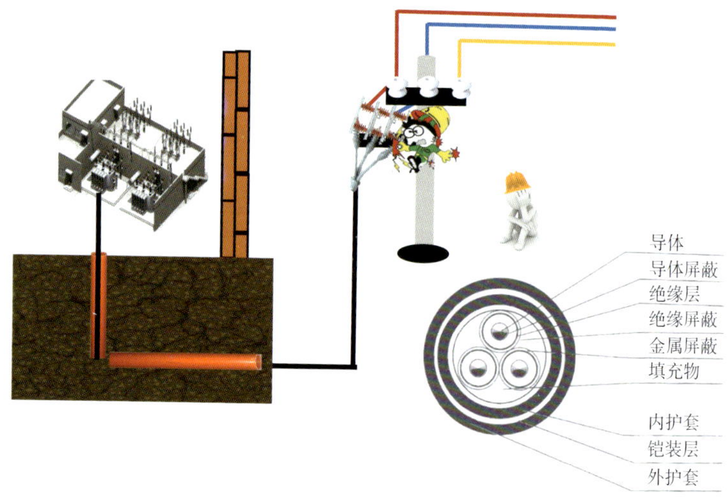

图 4-2　变电站出口处首杆上（电缆出线）

2）原因：作业人员未考虑到引出线为电缆，未按规定放电。

（4）基本要求

1）停电。

2）验电。

3）放电。

4）装设接地线。

4.2　高压配电线路

4.2.1　地雷 3：高压架空绝缘导线作业触电伤人

架空绝缘导线类似于电缆的特性（相对绝缘）。

（1）场景（见图 4-3）

（2）问题

1）疑问

①高压绝缘导线是绝缘的吗？

②如果不绝缘，为何居民在导线上晾晒衣物都没有问题？

2）认识误区

高压绝缘导线是绝对绝缘的。

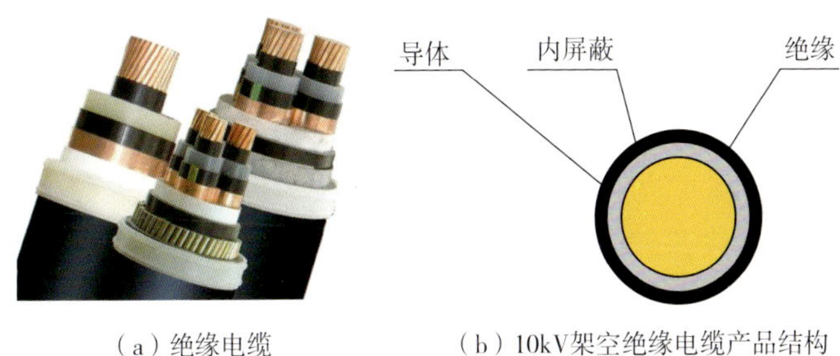

（a）绝缘电缆　　（b）10kV架空绝缘电缆产品结构

图 4-3　高压绝缘导线上或邻近作业高压绝缘导线

（3）问题分析

1）风险：高压触电。

2）原因：高压绝缘导线采用双层绝缘，主要考虑线路防腐、防恶劣气候、防外力破坏的需要，其绝缘性能是相对而言的，线路带电时，人体不能接触或接近。

（4）基本要求

1）视为带电并保持足够的安全距离。

2）不得穿跨越。

3）开断时戴绝缘手套。

4.2.2　地雷 4：开断耐张杆引流线异常电压伤人

（1）场景（见图 4-4）

（2）问题

1）疑问

①工作中，解开耐张杆引流线触电，是何原因？

②仅在耐张杆一侧装设接地线是否可行？

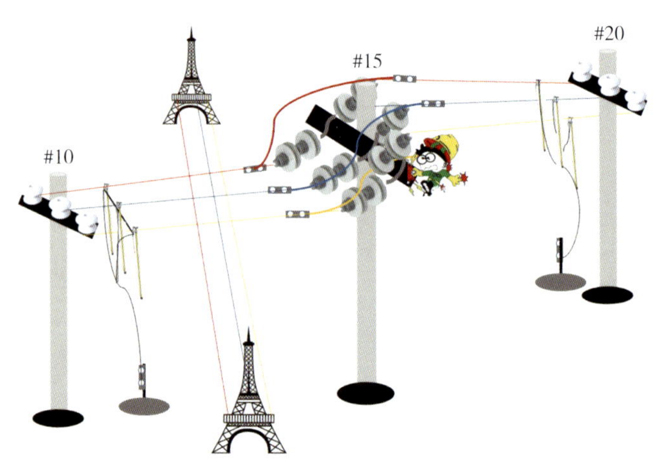

图 4-4 耐张杆引流线

2）认识误区

工作地段已封闭接地，不会有异常电压。

（3）问题分析

1）风险：异常电压伤人。

2）原因：工作中，工作地段尽管已经封闭接地，如解开耐张杆引流线，将工作地段一分为二，如果其中一段线路存在平行、交叉运行线路，另一段线路不存在类似情况，则存在平行、交叉运行的线路一侧，势必产生感应电。由于耐张杆与接地点之间存在大量分布电感和电容，对工频电压而言，形成较大等效电阻，不能将作业地点电压钳制到零电位。相当于解开引流线的人员同时触碰感应电的一侧和接地点的一侧，在感应电一侧作业的人员可能同时触电。

（4）基本要求

1）解开耐张杆引流线前分别在其两侧验电。

2）在耐张杆两侧装设接地线。

4.2.3　地雷 5：砍剪树木安全距离不足

（1）场景（见图 4–5）

图 4–5　线路树障

（2）问题

1）疑问

①如何判断安全距离？

②保证多少距离才是安全的？

2）认识误区

只要不接触树木就是安全的。

（3）问题分析

1）风险：放电伤人

2）原因：员工空间防护意识不强，图省事，不具备判断安全距离的基本技能，只有静态安全距离的概念，实际工作中应考虑树木倒向等因素，安全距离是变化的。

（2）问题

1）疑问

①低压线路作业是否使用工作票？

②穿越下层低压线路到上层高压线路装设接地线，如何完成？

2）认识误区

电压低、电流小，曾经多次触电都没事，未考虑到人体完全接地的情况。

（3）问题分析

1）风险：低压通过人体完全接地致人死亡。

2）原因：员工忽视低压作业环境及个人防护。人站在潮湿的地面上，未做好防护的情况下，将产生远大于 50mA 的电流（如：220V 电压通过人体并接地，按照 ICE 推荐的标准，人体阻抗为 800~1000Ω，通过人体的电流为 220mA）。

（4）基本要求

1）使用书面形式布置和记录（外单位从事停电作业除外）。

2）站在干燥的地方。

3）穿绝缘鞋和棉质工作服、戴手套。

4）不同时触碰两根带电的裸导线。

5）如需穿越下层低压线路到上层高压线路装设接地线，可采取低压不停电作业方式进行，严格按上述要求做好防护。

4.4 开关设备

4.4.1 地雷 8：操作开关设备电弧伤人

（1）场景（见图 4-8）

图 4-8　电弧造成短路、漏电

（2）问题

1）疑问

①能不能操作？一是得到调度许可；二是确定操作设备工况，能否承载负荷电流？

②为何按顺序操作？停电时，先断开关，后拉刀闸，先拉负荷侧，再拉电源侧。复电时，顺序相反。

2）认识误区

开关距操作者距离较远，即使操作错误也没事，应该不会伤害人。

（3）问题分析

1）风险：电弧或漏电伤人。

2）原因：带负荷拉刀闸，可能造成弧光短路，如遇潮湿天气，短路电流沿杆塔向地面泄放，形成电位差或跨步电压。先拉电源侧刀闸，如开关假分，可能导致上级电源跳闸。

（4）基本要求

1）按正确顺序操作。

2）正确使用绝缘安全工器具及防护用具。

3）只有电源侧刀闸时，拉开前应先验电或测电流，确认开关已断开。

4.4.2 地雷 9：操作跌落式熔断器落物伤人

（1）场景（见图 4-9）

图 4-9 操作跌落式熔断器

（2）问题

1）疑问

①能不能操作？须经调度许可。

②为何按顺序操作？停电时，无风时，先拉中相，后拉边相；大风时，从下风侧逐项拉开。复电时，顺序相反。

2）认识误区

没有考虑到异物掉落可能伤害人的眼睛。

（3）问题分析

1）风险：异物落入人的眼睛。

2）原因：员工自我防护意识不强，图省事，长期凭经验做事。员工安全技能不足，不知晓护目眼镜的作用。

（4）基本要求

1）正确佩戴安全帽。

2）佩戴护目眼镜。

4.4.3　地雷 10：跌落式熔断器漏电伤人

（1）场景（见图 4–10）

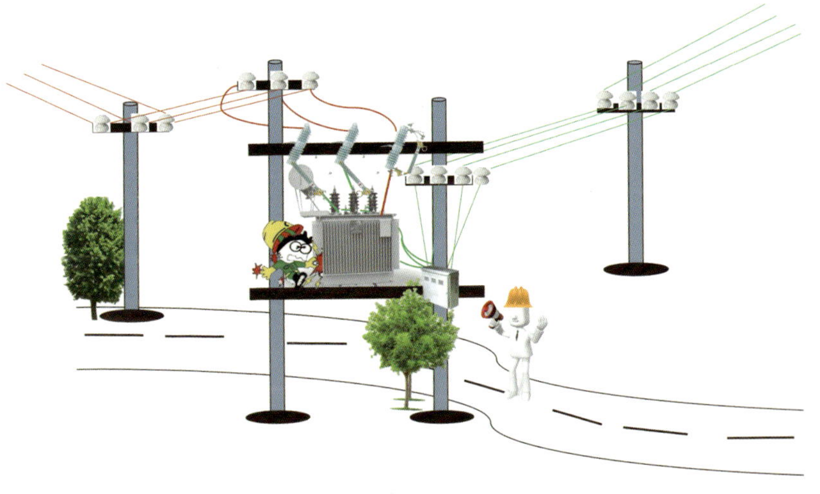

图 4–10　操作跌落式熔断器

（2）问题

1）疑问

①能不能操作？须经调度许可。

②为何按顺序操作？停电时，无风时，先拉中相，后拉边相；大

风时，从下风侧逐项拉开。复电时，顺序相反。

2）认识误区

拉开令克就是明显断开点。

（3）问题分析

1）风险：跌落式熔断器基座击穿、漏电伤人。

2）原因：跌落式熔断器上下桩头之间由瓷管连接，物理上并未完全断开，如基座局部或全部击穿（含间歇性击穿），下桩头长期带电（瞬间带电）。

（4）基本要求

1）确认跌落式熔断器确已拉开。

2）验电、接地，做好其他辅助安全措施后方可开始工作。

4.5 配电变压器

4.5.1 地雷 11：配变台架上工作安全距离不足

（1）场景（见图 4-11）

（2）问题

1）疑问

①在台式变压器上作业，按规定履行了停电手续，办理了操作票、工作票，装设了接地线，是否能保证作业安全？

②在台式变压器上作业如何进行监护？

2）认识误区

未考虑到人员活动空间、工具和材料与带电设备的安全距离。

（3）问题分析

1）风险：人员移动导致安全距离不足。

2）原因：柱上变压器安装普遍存在装置性违章，即使完全按照作业要求采取安全措施，仍然存在活动空间不足，距离不满足安全作业要求的问题，加之基层员工长期受可靠性指标考核等影响，一般不考虑停上一级电源。

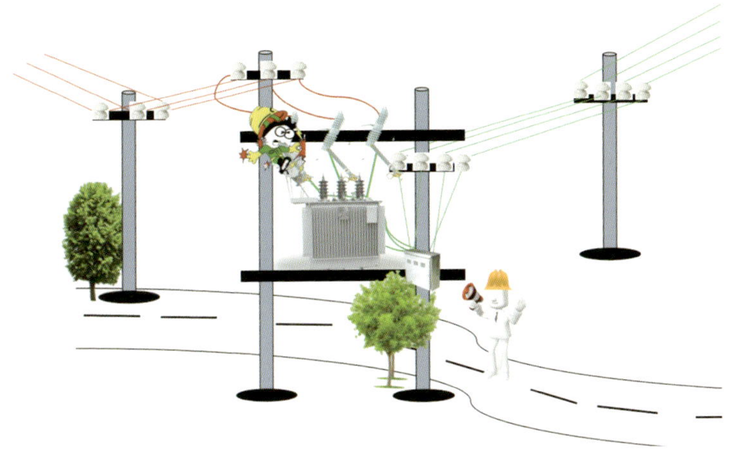

图 4–11　在配变台架上

（4）基本要求

1）确认作业安全距离足够。

2）不能保证人员活动空间、工具和材料与带电设备的安全距离时，必须停上一级电源。

4.5.2　地雷 12：配变不完全停电

（1）场景（见图 4–12）

（2）问题

1）疑问

①人体可接受的安全电压是多少？

②需要停电作业时，当配变低压侧无断开装置时，可否只在高、

低压侧装设接地线？

图 4-12　在配变台架上

2）认识误区

员工缺乏电磁方面的基础知识，一是未认真核实操作后状态（比如跌落式熔断器瓷管失效、采用金属材料缠绕）；二是认为变压器就是降压器，低压侧可以不断开，装设接地线就可以了。

（3）问题分析

1）风险：低压反送电伤人。

2）原因：拉开跌落式熔断器后，可能还存在其他通路（如缠绕），或者只拉开其中的一相或两相，由于电磁作用，变压器其他各侧仍然带电。柱上变压器安装普遍存在装置性违章，低压侧无断开装置或被人为短接（直搭），若不将低压侧断开，即使在低压侧装设接地线，因接地电阻不合格、接地线接触不良等原因，风险为大增。如果低压侧漏电，按配变 25∶1 的变比计算，如人体安全电压为 36V，在配变高压侧的电压是低压侧的 25 倍，实际为 900V，相当于风险系数放大了相应倍数。

（4）基本要求

1）确认变压器各侧、各相完全断开。

2）智能控制回路的电源亦应断开。

4.5.3　地雷 13：解开变压器接地线异常电压伤人

（1）场景（见图 4-13）

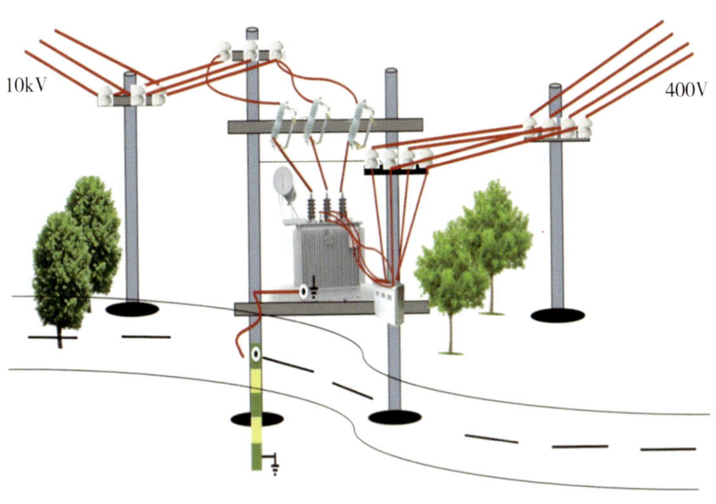

图 4-13　在单配变台架处

（2）问题

1）疑问

①配变接地引下线为什么有电？

②直接解开接地引下有何危害？

2）认识误区

接地线没有电流通过。

（3）问题分析

1）风险：异常电压伤人、损坏用户设备。

2）原因：配电变压器普遍采用低压中性线（零线）与接地引下线

共地的方式，其优点是负荷不平衡或单相接地时，中性点漂移少或不漂移，保证单项电压不至大幅上升，避免烧坏用户家电或其他用电设备。

（4）基本要求

1）解开接地引下线前做好辅助接地。

2）解开接地引下时戴绝缘手套。

3）不应触碰未接地的一端。

4.5.4　地雷 14：共用接地的两台配变停电检修

（1）场景（见图 4–14）

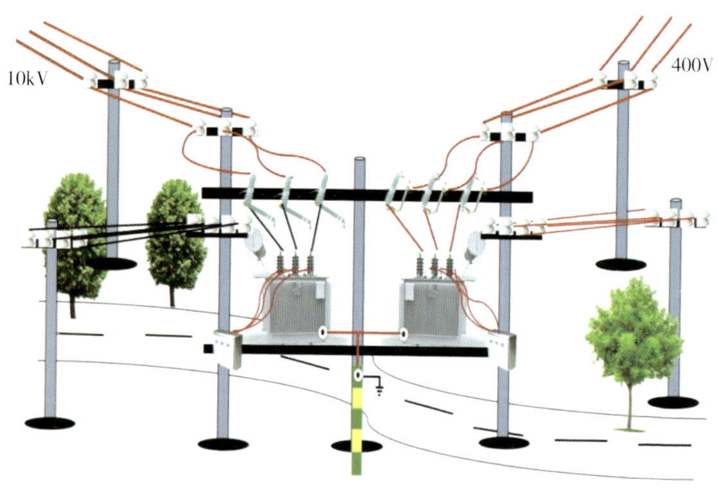

图 4–14　在双配变台架处

（2）问题

1）疑问

①共用接地的两台配变，其中一台停电检修，另一台未停电，为何会触电？

②是否有其他措施保证既不停另一台配变，又能保证安全作业？

2）认识误区

与另一台变压器无关。

（3）问题分析

1）风险：异常电压伤人。

2）原因：共用接地的两台配变，相当于两个系统共用接地，其中一台停电检修，另一台未停电，如接地电阻不合格，将造成接地线有电流通过，使停电检修的配变外壳带电，同时零线电流流经相线后，产生相电压，经配电变压器按变比倍数放大 25 倍后，反映到配电变压器高压侧。

（4）基本要求

1）将共用接地的另一台变压器同时停电。

2）确保检修设备的低压侧也断开。

4.6　其他

地雷 15：其他反送电

（1）场景（见图 4–15）

（2）问题

1）疑问

①分布式光伏能源如何上网？

②外力破坏能否导致反送电？

2）认识误区

未认识到交叉跨越、用户自备发电机、分布式新能源供电可能产生反送电。

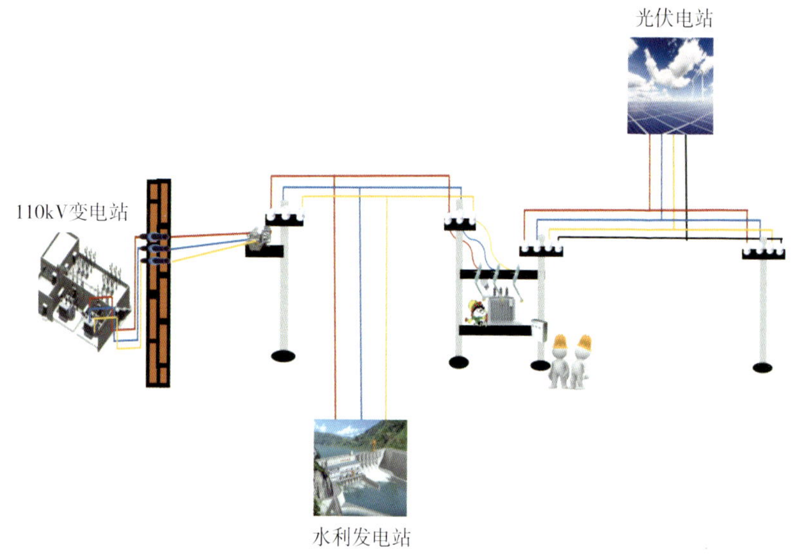

图 4-15　配电网中、低压线路

（3）问题分析

1）风险：反送电伤人。

2）原因：配电网运行环境较为复杂，中压线路经常发生外力破坏事件，近年来，分布式新能源不断增多，无论采用“全额上网”或“余额上网”模式，均与低压电网始终保持连接状态，反送电随时可能发生。

（4）基本要求

1）高压作业，应将可能反送电侧物理断开、装设接地线。

2）低压可采用不停电作业方式，做好个人防护。

第 5 章　事故案例

5.1　变电站出口处工作感应电伤人

【案例】河南安阳“7·7”人身伤亡事故

（1）事故经过

7 月 7 日 8 时，某火电三公司高压检修班宋某办理了变电第一种工作票。工作内容为在 110kV 开关场安装“金李丙线”和“金李丁线”线路至阻波器引下线。工作票上的措施要求中，只注意到变电站的防护措施，110kV“南母线”停电，并合上“南母线”及“金李丙线”和“金李丁线”电厂侧出口各一组接地隔离开关。因对变电站外的线路走向和平行线路段有无感应电压并不清楚，没有考虑会有感应电压触电，只认为是新线路，两端没有接线，不会有电，因此没有采取任何防护措施。7 日下午，电厂运行值班人员按工作票要求采取措施后，小组成员金某、枚某、梅某、攸某等 4 人使用 20t 吊车，人站在吊车上用氧气带对“金李丙线”L1 相、L2 相两相线路至阻波器引下线测量实际距高。

7 月 8 日 8 时许，高压检修班在某县第三火力发电厂二期变电站新架的 110kV“金李丙线”和“金李丁线”线路至阻波器引下线进行施工。8 日上午，继续对“金李丙线”L3 相测量实际距离后，吊车水平向“金李丁线”转杆，测量“金李丁线”L1 相线路至阻波器引下线实际距离。8 时 40 分，攸某在吊车上，接近“金李丁线”L1 相线路后，监护人金某问：“完了没有？”攸某答：“没有。”接着金某又问：“完了没有？”发现攸某没吱声，右手扶着线路站在吊车上，金某马上说了句：“是不是触电了？快回杆！”司机马上把吊车臂放下，将攸某从吊车上抱下来，检查确认是触电，后经工作人员和医务人员就地全力抢救无效死亡。

（2）事故原因及暴露的问题

1）“金李丁线”上有感应电压存在是造成这次事故的直接原因。事故后，对“金李丁线”进行测量，L1 相线路感应电压为 1650V，L2 相线路感应电压为 410V，L3 相线路感应电压为 2600V；“金李丙线”L3 相线路感应电压为 210V。

2）采取措施不全面，施工作业前没有考虑该线路有感应电压和突然来电的可能。因该线路是其他公司施工的，工作负责人、工作班成员及有关技术人员对线路没有进行检查。

5.2 变电站出口电缆作业残压伤人

【案例】**2018 年 6 月 20 日 19 时许，宝安区新桥街道新二社区发生一起疑似触电事故，宝安供电局沙井分局电力施工业务中标单位宝供供电服务公司工人在 0236 公变电房二楼电柜接电线时疑似触电，21 时 20 分许该工人经医院抢救无效死亡。**

电缆施工的安全措施如下：

（1）电缆直埋敷设施工前应先查清图纸，再开挖足够数量的样洞和样沟，摸清地下管线分布情况，以确定电缆敷设位置及确保不损坏运行电缆和其他地下管线。

（2）为防止损伤运行电缆或其他地下管线设施，在城市道路红线范围内不应使用大型机械来开挖沟槽，硬路面面层破碎可使用小型机械设备，但应加强监护，不得深入土层。若要使用大型机械设备时，应履行相应的报批手续。

（3）掘路施工应具备相应的交通组织方案，做好防止交通事故的安全措施。施工区域应用标准路栏等严格分隔，并有明显标记，夜间施工人员应佩带反光标志，施工地点应加挂警示灯，以防行人或车辆等误入。

（4）沟槽开挖深度达到 1.5m 及以上时，应采取措施防止土层塌方。

（5）沟槽开挖时，应将路面铺设材料和泥土分别堆置，堆置处和沟槽应保留通道供施工人员正常行走。在堆置物堆起的斜坡上不得放置工具材料等器物，以免滑入沟槽损伤施工人员或电缆。

（6）挖到电缆保护板后，应由有经验的人员在场指导，方可继续进行，以免误伤电缆。

（7）对挖掘出的电缆或接头盒，如下面需要挖空时，应采取悬吊保护措施。电缆悬吊应每 1~1.5m 吊一道；接头盒悬吊应平放，不得使接头盒受到拉力；若电缆接头无保护盒，则应在该接头下垫上加宽加长木板，方可悬吊。电缆悬吊时，不得用铁丝或钢丝等，以免损伤电缆护层或绝缘层。

（8）移动电缆接头一般应停电进行。如必须带电移动，应先调查该电缆的历史记录，由有经验的施工人员，在专人统一指挥下，平正移动，以防止损伤绝缘。

（9）锯电缆以前，应与电缆走向图图纸核对相符，并使用专用仪器（如感应法）确切证实电缆无电后，用接地的带绝缘柄的铁钎钉入电缆芯后，方可工作。扶绝缘柄的人应戴绝缘手套并站在绝缘垫上。

（10）开启电缆井井盖、电缆沟盖板及电缆隧道人孔盖时应使用专用工具，同时注意所立位置，以免滑脱后伤人。开启后应设置标准路栏围护，并有人看守。工作人员撤离电缆或隧道后，应立即将井盖盖好，以免行人碰盖后摔跌或不慎跌入井内。

（11）电缆隧道应有充足的照明，并有防火、防水。通风的措施。电缆井内工作时，禁止只打开一只井盖（单眼井除外）。进入电缆井、电缆隧道前，应先用吹风机排除浊气，再用气体检测仪检查井内或隧道内的易燃易爆及有毒气体的含量是否超标，并做好记录。电缆沟的盖板开启后，应自然通风一段时间后方可下井沟工作。在电缆井、隧道内工作时，通风设备应保持常开，以保证空气流通。

（12）充油电缆施工应做好电缆油的收集工作，对散落在地面上的电缆油要立即覆上黄沙或砂土，及时清除，以防行人滑跌和车辆打滑。

（13）在 10kV 跌落式熔断器与 10kV 电缆头之间，宜加装过渡连接装置，使工作时能与跌落式熔断器上桩头有电部分保持安全距离。在 10kV 跌落式熔断器上桩头有电的情况下，未采取安全措施前，不得在跌落式熔断器下桩头新装、调换电缆尾线或吊装、搭接电缆终端头。如必须进行上述工作，则应采用专用绝缘罩隔离，在下桩头加装接地线。工作人员站在低位，伸手不得超过跌落式熔断器下桩头，并设专人监护。

上述加绝缘罩的工作应使用绝缘工具。

5.3 高压绝缘导线作业伤人

【案例】贵阳供电局“5·10”外包施工单位人员触电死亡事故

2015 年 5 月 10 日上午 10 时 04 分，外包施工单位在贵安新区广兴村进行 10kV 隆湖线广兴分支 29 号杆 T 接广兴小学支线断线抢修作业时，在未办理工作票手续、未采取安全措施、未经许可前，清理掉落在 10kV 场五线上的广兴小学支线导线时触电，发生 1 起外包施工单位人员死亡事故，死亡 1 人。

10 时 04 分，张某在拉拽断线（C 相）的过程中，断落导线与 10kV 场五线 B 相导线发生刮擦，导致绝缘破损放电，触电（见图 5-1）。

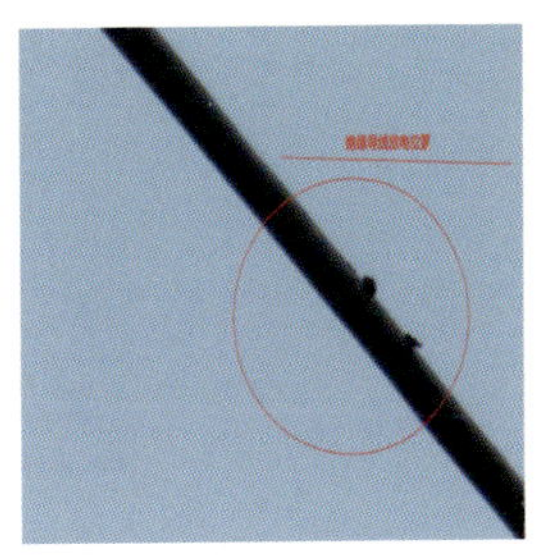
（a）导线绝缘放电位置

（b）导线断落

（c）导线破损

图 5-1　导线破损击穿导致触电

10kV 隆湖线广兴分支 29 号杆 T 接广兴小学支线（裸导线）断线搭落在带电的 10kV 场五线（绝缘导线）上，张某（死者）拉拽断落的裸导线，裸导线与带电绝缘线导线发生刮擦，致使绝缘层破损击穿发生触电。

本次事故是一起抢修外包施工单位未办理工作票手续、未采取安全措施、未经许可开展工作，违章指挥、违章作业、野蛮施工；业主单位抢修管理、现场安全管理不到位，严重失职；生产业务外包管理不到位，导致作业人员触电死亡，造成生产业务外包施工单位一般人身伤亡责任事故。

5.4　开断耐张杆引流线异常电压伤人

【案例】兴义市电力有限责任公司“5·7”人身触电死亡事故

2011 年 5 月 7 日，兴义供电局代管的兴义市电力有限责任公司马岭供电所工作人员在对 10kV 砖厂线进行故障查找和抢修工作过程中，发生 1 起因触电导致 1 名工作人员死亡的人身事故。事故原因如下：

（1）工作负责人违章指挥：严重违反《国家电网电力安全工作规程》（电力线路部分）“工作负责人安全职责”的规定及《贵州电网公司安全生产禁令》中“严禁违章指挥”“严禁无封闭地线作业”的要求，工作负责人在开关站操作完后并经调度许可后，只是电话安排现场工作人员在负荷侧挂一组接地线就让工作人员开始工作。

（2）现场工作人员违章作业：违反《国家电网电业安全工作规程》（电力线路部分）和《贵州电网公司安全生产禁令》，未在工作地点装设封闭接地线。现场工作人员仅在 10kV 砖厂线 31 号杆小号侧（电源侧）装设一组接地线，在 31 号杆大号侧和分支线上没有装设接地线，未对工作地点形成封闭接地，导致工作人员触电（见图 5–2）。

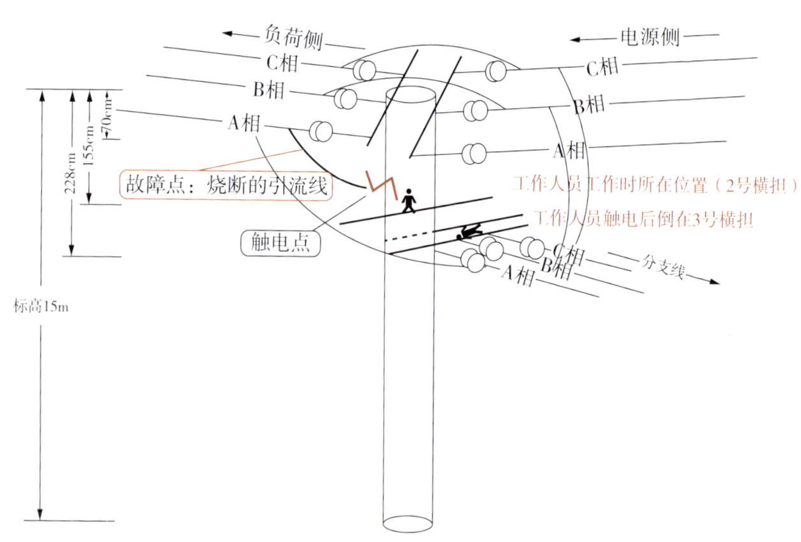

图 5–2　10kV 砖厂线 31 号杆

5.5　砍剪树木安全距离不足

【案例】**广东电网汕尾供电局“7・30”输电运维人员电弧灼伤**

2017 年 7 月 30 日 16 时 04 分，广东电网公司汕尾供电局输电管理所运维人员在 500kV“惠茅乙线”故障后巡线、砍伐清理树障时，因树木与导线安全距离不足引起放电，造成 2 人烧伤，其中 1 人重伤、1 人轻伤（见图 5-3）。

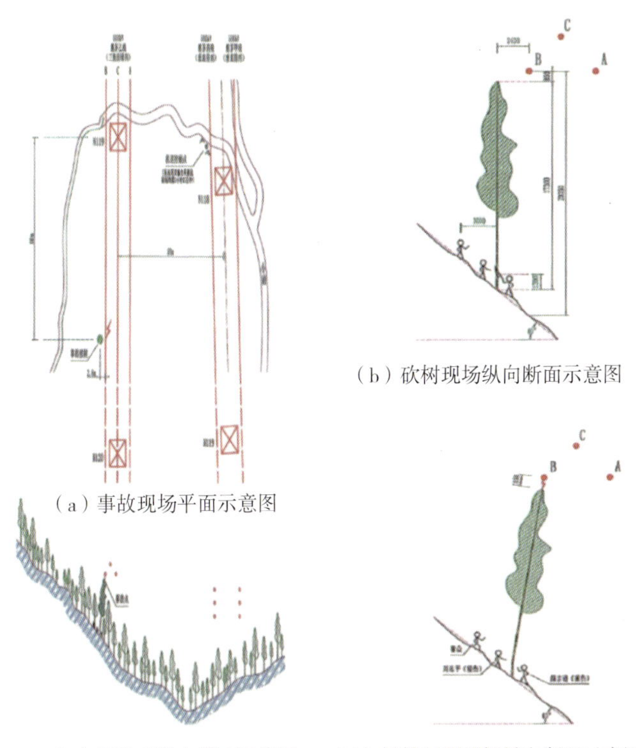

（a）事故现场平面示意图

（b）砍树现场纵向断面示意图

（c）事故点纵向断面示意图

（d）树倒过程现场纵向断面示意图

图 5-3　事故现场示意

5.6 遥测线路参数突然来电

【案例】**江西赣州电力公司 5·20 人身伤亡事故**

2018 年 5 月 20 日 20 时，国家电网江西赣州供电公司在进行 220kV 赣潭Ⅱ线线路参数测试工作过程中，作业人员直接拆除测试装置端的试验引线，线路感应电导致试验人员触电，工作负责人盲目施救，导致 2 人触电，经抢救无效死亡，构成一般人身事故（见图 5–4）。

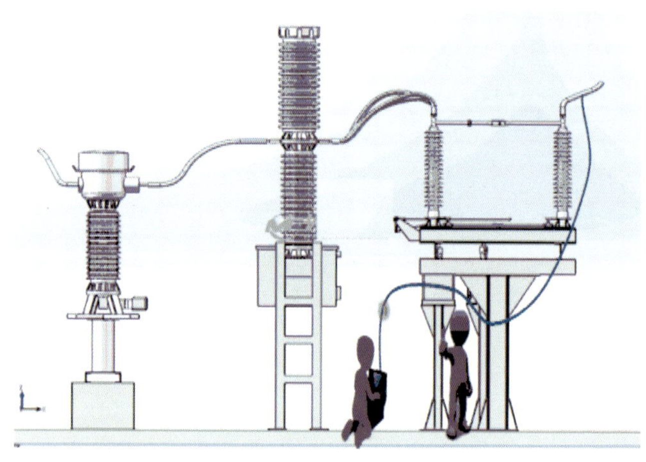

图 5–4　盲目施救导致触电

经现场初步调查分析，实验人员于某在完成赣潭Ⅱ线零序电容测试后，在赣潭Ⅱ线未接地的情况下，直接拆除测实装置端的试验引线，同时未按规定使用绝缘鞋、绝缘手套、绝缘垫，线路感应电通过试验引线经身体与大地形成通路，导致触电。

这次事故发生在公司全面开展安全生产“六查六防”专项行动、基建安全事故反思教育活动期间，性质严重、教训惨痛、影响恶劣，特别是公司在去年“5·7”人身事故之后，再次发生人身死亡事故，反映出公司对安全生产工作部署要求贯彻不力、落实不细，暴露出安全生产管理还存在诸多薄弱环节和问题：一是安全生产责任没有真正落实。相关单位领导和管理人员安全生产意识淡薄、安全责任不实，在公司三令五申的情况下，仍未有效加强现场作业安全管控。二是执行安全规程不到位。在进行测试工作中，作业人员未使用绝缘手套、绝缘靴、绝缘垫。

5.7　低压不停电作业人员完全接地

【案例】2011 年 8 月 8 日广东汕尾陆河供电局人身伤亡事故

8 月 8 日，天气小雨。17 时左右，广东汕尾陆河供电局河田供电所彭某某（死者，劳务派遣工）接到河田镇大径村一客户家中断电的报修电话。彭某某在未向供电所报告的情况下，就独自前往现场检查。18 时左右，大径村委主任电话告知河田供电所所长，称见到彭某某触电躺在路上。供电所立即安排工作人员赶到现场，发现彭某某倒在路中央，右手握住导线，右手手掌有电弧灼伤痕迹。经 120 急救人员检查，确认彭某某已经死亡（见图 5–5）。

图 5–5　右手握住导线触电

【案例】2016 年 4 月 23 日金江供电所人身伤亡事故

2016 年 4 月 23 日，金江供电所员工在接到村民报告电杆上线路打火情况后前往处置，发现 10kV 支线 33 号杆中相导线跳线，与椰树叶触碰并发生间歇放电，在个人防护措施不足情况下登杆，用绝缘棒清理搭挂在导线上的椰树叶，其间放电加剧导致导线着火，发生触电，造成 1 人死亡（见图 5-6）。

（a）椰树叶挂在导线上

当人员下到电杆部底，手扶住
电杆，脚着地瞬间，因电杆表
面与电杆周围地面存在320V
电压，且人员穿潮湿工作鞋，
导致触电

（b）人员触电示意图

图 5-6　导线着火发生触电

5.8　操作开关设备电弧伤人

【案例】海南万宁供电局“9·17”人身死亡事故

9 月 16 日 19 时 28 分，石梅湾供电所所辖 10kV“日月湾线”受台风“海鸥”影响跳闸后，该线路一直处于待查线和送电状态。

9 月 17 日 08 时 55 分，在分段查找线路无异常后，对该线第一段 1 号 ~12 号杆段送电正常。09 时 45 分，在准备对该线中段 12 号 ~162 号杆段进行试送电操作过程中，班员胡某某（死者）使用绝缘操作杆对 12 号杆分段开关进行合闸操作后，开关负荷侧 B 相引线在支撑瓷柱处发生电弧火花燃烧（事故后发现 B 相引线烧断），胡某某本能后退并跌倒，未起身。同组班员严某伸手准备进行施救时有触电感觉，立即跑开，后报告供电所长，拨打 120 电话施救。B 相引线电弧火花熄灭后，严某等现场人员轮流对胡某某进行心肺复苏急救，施救工作持续到“120”医生赶到现场，10 时 15 分左右，胡某某经抢救无效死亡。事故现场图见图 5–7。

（a）事故现场杆段

（b）事故现场电场分布区域

图 5–7　事故现场

5.9　操作跌落式熔断器落物伤人

在广泛的实践中，通过对高压跌落式熔断器操作的不断总结，人们发现三相负荷在开断第一相时，断口电压较低，产生电弧小；开断第二相时，断口电压较高，切断电路后往往出现强烈的电弧，易使邻相短路；最后拉第三相时，因电路已无电流，也就不会产生电弧。因此看来，拉第二相是确保安全的关键。另外，气流（刮风，风向）对操作的安全影响也是明显的，当气流将电弧拉长后，有可能引起相间短路，造成大的弧光，危及操作人员的安全。

为安全起见，工作人员在操作高压跌落式熔断器时，应注意事项如下：

（1）操作人员在拉开跌落式熔断器时，必须使用电压等级适合、经过试验合格的绝缘杆，穿绝缘鞋、戴绝缘手套、绝缘帽和护目镜或站在干燥的木台上，并有人监护，以保人身安全。

（2）操作人员在拉、合跌落式熔断器开始或终了时，不得有冲击现象。冲击将会损伤熔断器，如将绝缘子拉断、撞裂，鸭嘴撞偏，操作环拉掉、撞断等。所以工作人员在对跌落式熔断器分、合操作时，千万不要用力过猛，发生冲击，以免损坏熔断器，且分、合必须到位。

合熔断器的用力过程是：慢（开始）→快（当动触头临近静触头时）→慢（当动触头临近合闸终了时）。拉熔断器的用力过程是：慢（开始）→快（当动触头临近静触头时）→慢（动触头临近拉闸终了时）。快是为了防止电弧造成电气短路和灼伤触头，慢是为了防止产生操作冲击力，造成熔断器机械损伤。

（3）注意配电变压器停送电操作顺序：在一般情况下，停电时应先拉开负荷侧的低压开关，再拉开电源侧的高压跌落式熔断器。

5.10 跌落式熔断器漏电伤人

【案例】**海南琼海供电局“9·17”人身死亡事故**

9月17日12时30分左右，万泉供电所对受“海鸥”台风影响的 10kV 石壁线市区 B 台区低压线路进行查线无异常后，准备给该台式变压器送电。班长朱某某（死者）要求先试送台式变压器高压跌落开关，同组班员王某某先送 A 相跌落开关合闸后，发现 B 相跌落开关出现冒烟现象。朱某当即让王某某将 A 相跌落开关重新拉下，并认为 B 相跌落开关可能有问题（见图 5-8），之后朱某某搬起梯子爬上台架，站在台架的槽钢上伸出左手抓住 B 相引下线检查时发生触电，从台架上掉下来。在场人员立即将朱某某送往石壁卫生院，后转琼海市医院途中死亡。

图 5-8 跌落开关位置和状态

5.11 配变台架上工作安全距离不足

【案例】**云南电网昭通供电局“8·8”人身伤亡事故**

2018 年，彝良县区域持续强降雨，局部电网受损严重，彝良供电局于 8 月 5 日 10 时启动自然灾害 IV 级响应。8 月 8 日上午，彝良供电局角奎供电所接到河湾村客户反映 0.4kV 线路缺相停电，汪某武（死者）等 3 名供电所员工赶到拱桥台区开展 0.4kV 线路抢修。11 时 30 分左右，在 10kV 拱桥台式变压器低压侧 0.4kV 线路更换作业近结束时，汪某武意外触电，经抢救无效死亡。死者背部靠左侧及右脚背 2 处有放电点。设备构架及导线引流线暂未发现放电点。线路更换作业意外触电事故地点及触电点见图 5-9。

（a）事故地点

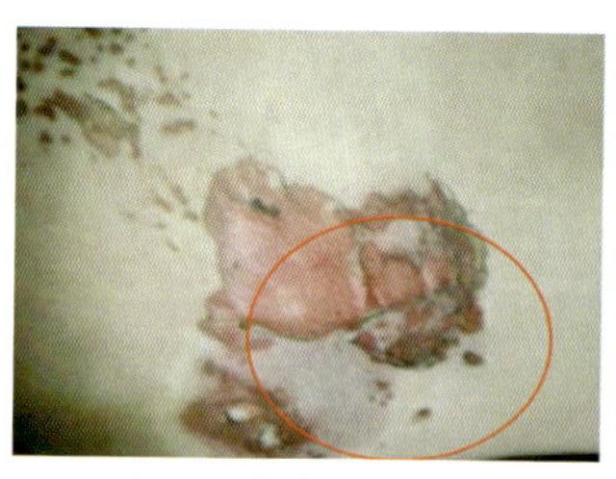

（b）后背靠左侧放电点

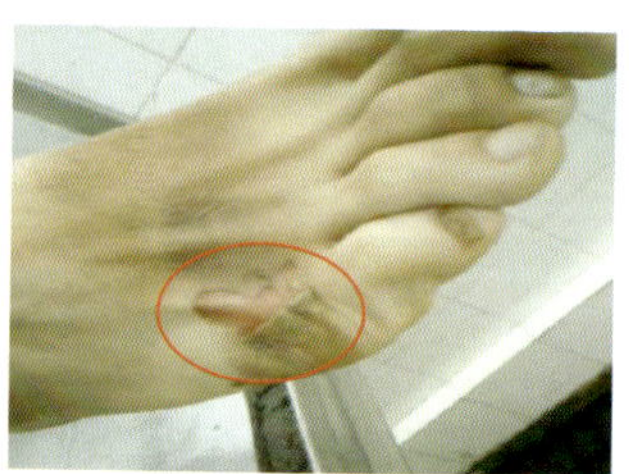

（c）脚部放电点

图 5-9　线路更换作业意外触电事故

5.12　配变不完全停电

【案例】贵州兴义供电局“6 · 14”劳务派遣人员触电事故

6 月 14 日上午，罗某接大山乡政法委书记杜某某通知，到贵州省兴仁县大山乡政府开村干部会，在开会前得知乡政府“大山乡政府 2 变”缺相，供电异常，并应政府要求进行处理。

罗某现场检查发现该配变 A 相避雷器断裂，跌落保险烧坏。10 时 40 分，罗某电话通知杨某某参与 10kV 大山线 T 支线政府 2 变处缺，并要求杨某某准备好避雷器和跌落保险。

罗某回到供电所后与杨某某携带避雷器、跌落保险、安全带、绝缘操作杆、脚扣和所需的手工具，前往大山乡政府 2 变现场（未携带验电器、接地线、绝缘手套、绝缘靴、安全帽等必备安全工器具）。

10 时 55 分两人到达现场。杨某某首先用绝缘操作杆取下已烧坏的 A 相跌落保险，然后拉开 B 相跌落保险，在拉 C 相跌落保险时，因绝缘操作杆挂钩未挂牢，导致 C 相跌落保险未拉开。此时杨某某由于尿急想去小便，就把绝缘操作杆递给正在低头系安全带的罗某，并说：“我要小便，还有一相”。罗某接过操作杆后顺手放在地上，也未检查跌落保险状态即开始登杆。

据现场勘查和分析，罗某所处的位置需要仰头才能看清楚 C 相跌落保险是否在断开位置，而此时罗某正在低头系安全带；且罗某只注意杨某某所说的“我要小便”，没有听清楚“还有一相”的交代，以至于罗某放下绝缘操作杆，就直接登杆。

11 时 15 分，杨某某在距罗某约 5m 的位置，听到一声惨叫，回头看见罗某已仰躺在地上。“6 · 14”事故现场图见图 5-10。

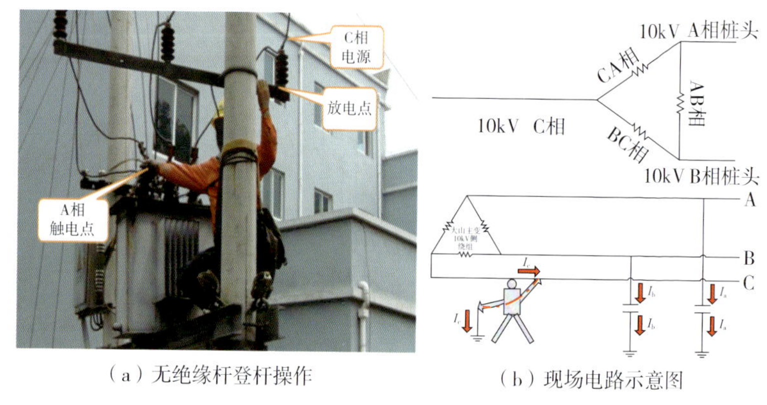

（a）无绝缘杆登杆操作

（b）现场电路示意图

图 5-10 “6 · 14”事故现场

5.13 解开变压器接地线异常电压伤人

配电变压器接地电阻对供电设备的正常使用影响巨大，若在供电设备的运行过程中，接地电阻值超过正常的范围，会烧毁供电设备并对人员的生命财产安全带来巨大的威胁。配电变压器接地电阻值对变压器系统的稳定运行具有重要的影响，加强对配电变压器接地电阻值的准确测量，对提高配电变压器运行的可靠性与稳健性具有重要的意义。实际工作中，利用接地电阻测量仪对接地电阻测量前，需要校正仪器的准确性，测量时需要注意相关事项，以保证测量数据的精确度，然后，依据测量结果对配电变压器的接地电阻进行合理的评估，以保证配电变压器系统的正常运行。

配电变压器接地电阻值过大的危害如下：

（1）低压相线绝缘损坏

当配电变压器接地电阻值过大时会导致低压相线绝缘损坏，若

L1 相接地，这时，在配电变压器接地线中会有电流流经，然后，在接地电阻或大地上加入 L1 相电压。这时，当前的接地电阻阻值与接地电阻上的分压成正比，即接地电阻的分压随着接地电阻的阻值的增大而增大，若不小心触碰到配电变压器的中性线、变压器接地线以及配电变压器外壳时，接地电阻与人体会产生并联状态，这样，人体的电压会增高，导致人体触电，给人员的生命安全带来了巨大的威胁。

（2）配电变压器的中性点发生偏移

若配电变压器的三相四线中的中性点接地出现断线或电阻值过大，此时的三相负载具有不平衡性，导致配电变压器中性点发生了偏移，接地点电位值大于零，从而导致其他相的电压升高，最终导致一些用电设备烧毁。

（3）增大配电变压器避雷器的接地电阻阻值

当接地电阻值过大时，将导致配电变压器避雷器的接地电阻的阻值增大，当出现雷电天气时，避雷器将无法完全释放电压，进而导致避雷器或配电变压器烧毁。

5.14　共用接地的两台配变停电检修

配电设备包括高压配电室、箱式变电站、配电变压器台架、低压配电室（箱）、环网柜、电缆分支箱，停电检修时，应使用第一种工作票；同一天内几处高压配电室、箱式变电站、配电变压器台架进行同一类型工作，可使用一张工作票。

（1）高压线路不停电时，工作负责人应向全体人员说明线路上有电，并加强监护。

（2）在高压配电室、箱式变电站、配电变压器台架上进行工作，不论线路是否停电，应先拉开低压侧刀闸，后拉开高压侧隔离开关（刀闸）或跌落式熔断器，在停电的高压、低压引线上验电、接地。以上操作在工作负责人监护下进行。

（3）作业前检查双电源和有自备电源的用户是否已采取机械或电气联锁等防反送电的强制性技术措施。

（4）在双电源和有自备电源的用户线路的高压系统接入点，应有明显断开点，以防止停电作业时用户设备反送电。

（5）环网柜、电缆分支箱等箱式设备宜设置验电、接地装置。

（6）进行配电设备停电作业前，应断开可能送电到待检修设备、配电变压器各侧的所有线路（包括用户线路）断路器（开关）、隔离开关（刀闸）和熔断器，并验电、接地后，才能进行工作。

（7）两台及以上配电变压器低压侧共用一个接地引下线时，其中任一台配电变压器停电检修，其他配电变压器也应停电。

（8）配电设备验电时，应戴绝缘手套。如无法直接验电，可以进行间接验电。

（9）进行电容器停电工作时，应先断开电源，将电容器充分放电、接地后才能进行工作。

（10）配电设备接地电阻不合格时，应戴绝缘手套方可接触箱体。

（11）配电设备应有防误闭锁装置，防误闭锁装置不准随意退出运行。倒闸操作过程中禁止解锁。如需解锁，应履行批准手续。解锁工具（钥匙）使用后应及时封存。

5.15　其他反送电

【案例】南网能源公司珠海综合能源有限公司“6·23”外施工单位人员死亡事故

3 月 15 日，富有公司开始珠海世铝光伏发电项目屋顶光伏组件的安装劳务作业。

6 月 23 日上午，项目位于 2 号厂房屋顶的光伏矩阵安装完成，按计划下午准备进行屋顶光伏电缆的敷设施工。

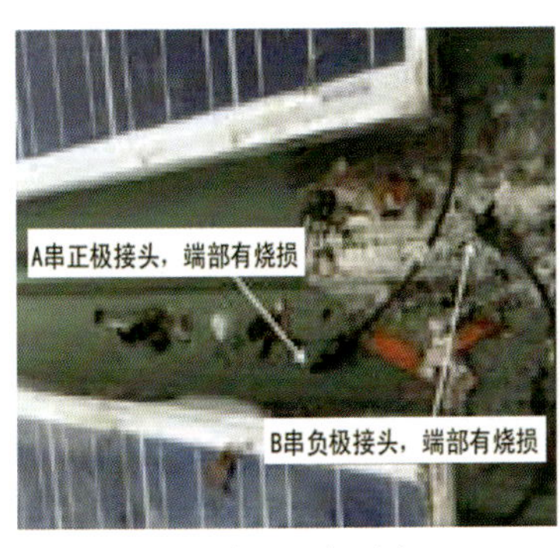

（a）触电现场照片

（b）触电人员位置示意图

图 5-11　“6·23”事故现场

6 月 23 日中午，珠海地区暴雨天气，施工中断。下午 15 时左右雨停后，现场施工班长彭某安排黄某某（死者，男，42 岁）、曾某 2 人去 2 号厂房屋顶搬运光伏电缆，做敷设准备工作。15 点 10 分左右，到达屋顶的黄某某发现已安装好的 1 个光伏组串的南端（正极，电压 +600V）连接头着火，其沿光伏组件间通道走近观察，但并未采取处置措施，后沿原通道向光伏组串的北端（负极，电压 –600V）后退。曾某看到后，使用现场灭火器将火苗扑灭，后突然听见一声惨叫，抬头寻声，发现黄某某已躺倒在10m开外的光伏组串北端光伏板上，裤子着火。曾某迅速拿灭火器将黄某某身上的火扑灭，并伸手去拉扯黄某某，但被电击了一下未能成功。曾某立刻通知班长彭某及项目部负责人，相关人员及“120”医护人员赶到现场后，先后分别对黄某某进行了心肺复苏施救，黄某某经抢救无效死亡。“6·23”事故现场图见图5-11。

在标准状况下（环境温度25℃，光照强度1000W/m^2，空气质量AM=1.5），由光伏组件参数可知，单块光伏组件输出电压约DC31V，输出电流约8.28A，a组9块组件组串后额定功率为2300W。据此推断，在当时阳光辐照强度的条件下，9块组件组串后电压约240~279V，功率约1600W，回路电流约为5.72A，大大超过人体能承受的50mA范围，导致黄某（死者）触电死亡。事故现场等效电路见图5-12。

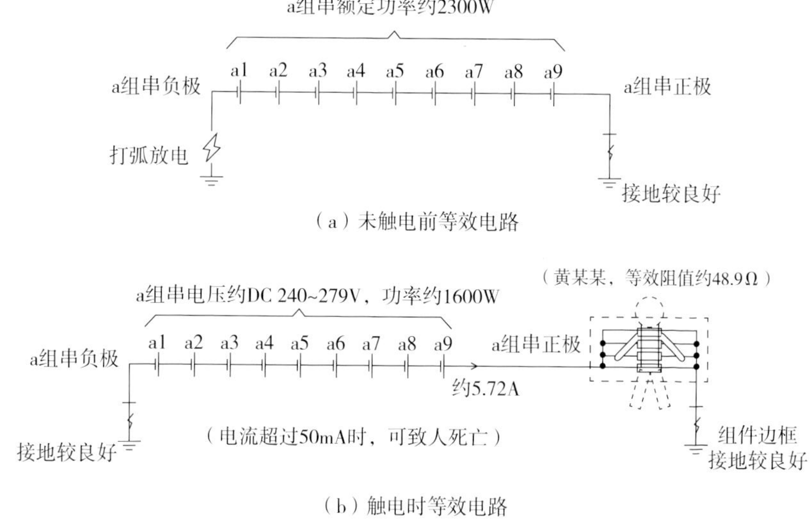

图5-12 事故现场等效电路

第 6 章　安规条款对照表

安规条款对照表见表 6-1。

表 6-1　配网作业风险（15 颗地雷）对应《南方电网电力安全工作规程》条款

序号	场景（雷区）	《中国南方电网有限责任公司电力安全工作规程》	《国家电网公司电力安全工作规程》（配电部分）条款
1	变电站出口处工作（感应电）	12.4.2与带电线路平行、邻近或交叉跨越的线路停电检修，应采取以下措施防止误登杆塔： a）每基杆塔上都应有线路名称和杆号。 b）经核对检修线路的名称、杆号、位置无误，验明线路确已停电并装设接地线，方可开始工作	线路部分：8.2.4在变电站、发电厂出入口或线路中间某一段有两条以上相互靠近的平行或交叉线路时，要求： a）每基杆塔上都应有线路名称、杆号。 b）经核对停电检修线路的线路名称、杆号无误，验明线路确已停电并挂好地线后，工作负责人方可宣布开始工作。 c）在该段线路上工作，登杆塔时要核对停电检修线路的线路名称、杆号无误，并设专人监护，以防误登有电线路杆塔

表6-1（续）

序号	场景（雷区）	《中国南方电网有限责任公司电力安全工作规程》	《国家电网公司电力安全工作规程》（配电部分）条款
1	变电站出口处工作（感应电）	12.5.5防止误登同杆塔多回路带电线路或直流线路有电极，应采取以下措施： a）每基杆塔应标设线路名称及杆号和识别标记（色标、识别标记等）。 b）工作前应发给工作人员相对应线路的识别标记。 c）经核对停电检修线路的识别标记和线路名称、杆号及位置无误，验明线路确已停电并装设接地线后，方可开始工作。 d）登杆塔和在杆塔上工作时，每基杆塔都应设专人监护。 e）登杆塔至横担处时，应再次核对识别标记与线路名称及位置，确认无误后方可进入检修线路侧横担	6.6.7　与带电线路平行、邻近或交叉跨越的线路停电检修，应采取以下措施防止误登杆塔： （1）每基杆塔上都应有线路名称、杆号。 （2）经核对停电检修线路的名称、杆号无误，验明线路确已停电并挂好地线后，工作负责人方可宣布开始工作。 （3）在该段线路上工作，作业人员登杆塔前应核对停电检修线路的名称、杆号无误，并设专人监护，方可攀登
		6.3.3.16其他特殊选用工作票情况： a）线路（电缆）、用户的检修班组或施工单位进入厂站对其管辖的线路（电缆）设备进行工作，可填用线路工作票。若在站内其他设备（电缆）上工作，应填用厂站工作票	6.7.5 为防止误登有电线路，应采取以下措施： （1）每基杆塔应设识别标记（色标、判别标识等）和线路名称、杆号。 （2）工作前应发给作业人员相对应线路的识别标记。 （3）经核对停电检修线路的识别标记和线路名称、杆号无误，验明线路确已停电并挂好接地线后，工作负责人方可宣布开始工作。 （4）作业人员登杆塔前应核对停电检修线路的识别标记和线路名称、杆号无误后，方可攀登。 （5）登杆塔和在杆塔上工作时，每基杆塔都应设专人监护

表6-1（续）

序号	场景（雷区）	《中国南方电网有限责任公司电力安全工作规程》	《国家电网公司电力安全工作规程》（配电部分）条款
2	电缆作业（残压伤人）	7.4.4.3在工作地段有感应电伤害风险时，应在作业地点装设个人保安线	4.4.12 对于因交叉跨越、平行或邻近带电线路、设备导致检修线路或设备可能产生感应电压时，应加装接地线或使用个人保安线，加装（拆除）的接地线应记录在工作票上，个人保安线由作业人员自行装拆
		7.4.2.5在门型构架的线路侧停电检修，工作地点在厂站接地点外侧，应在线路侧装设接地线	
		《贵州电网公司工作票使用管理规定》7.1.14.2厂站门型构架、电缆、穿墙套管出线侧起始杆塔上停电工作，厂站内靠线路侧装设接地线及线路间隔和开关柜内靠线路侧合上接地刀闸，可作为现场作业安全措施，在作业开始前，工作负责人应进行检查确认。配电变压器台架上停电工作，在变压器高压侧装设调度管辖的接地线，参照本条执行	
		7.4.1.1验明设备确无电压后，应立即将检修设备接地并三相短路。电缆及电容器接地前应逐相充分放电	4.4.11 电缆及电容器接地前应逐相充分放电，星形接线电容器的中性点应接地，串联电容器及与整组电容器脱离的电容器应逐个充分放电。 电缆作业现场应确认检修电缆至少有一处已可靠接地

表6-1（续）

序号	场景（雷区）	《中国南方电网有限责任公司电力安全工作规程》	《国家电网公司电力安全工作规程》（配电部分）条款
2	电缆作业（残压伤人）	15.2.10开断电缆前，必须与电缆图纸核对是否相符，并使用专用仪器确定作业对象电缆停电后，用接地的带绝缘柄的铁钎或电缆试扎装置扎入电缆芯后方可作业。扶绝缘柄的人必须戴绝缘手套和护目镜并站在绝缘垫上，并采取防灼伤措施	12.2.8 开断电缆前，应与电缆走向图核对相符，并使用仪器确认电缆无电压后，用接地的带绝缘柄的铁钎钉入电缆芯后，方可工作。扶绝缘柄的人应戴绝缘手套并站在绝缘垫上，并采取防灼伤措施。 使用远控电缆割刀开断电缆时，刀头应可靠接地，周边其他施工人员应临时撤离，远控操作人员应与刀头保持足够的安全距离，防止弧光和跨步电压伤人
		15.3.3电缆试验前后以及更换试验引线时，应对被试电缆（或试验设备）充分放电，作业人员应戴绝缘手套	12.3.1 电缆耐压试验前，应先对被试电缆充分放电。加压端应采取措施防止人员误入试验场所；另一端应设置遮栏（围栏）并悬挂警告标示牌。若另一端是上杆的或是开断电缆处，应派人看守
			12.3.3 电缆试验过程中需更换试验引线时，作业人员应先戴好绝缘手套对被试电缆充分放电
		15.3.5电缆试验结束，应对被试电缆进行充分放电，并在被试电缆上加装临时接地线，待电缆尾线接通后方可拆除	12.3.5 电缆试验结束，应对被试电缆充分放电，并在被试电缆上加装临时接地线，待电缆终端引出线接通后方可拆除

表6-1（续）

序号	场景（雷区）	《中国南方电网有限责任公司电力安全工作规程》	《国家电网公司电力安全工作规程》（配电部分）条款
3	高压绝缘导线作业（残压伤人）	16.3.6架空绝缘导线不应视为绝缘设备，不应直接接触或接近	6.5.1 架空绝缘导线不得视为绝缘设备，作业人员或非绝缘工器具、材料不得直接接触或接近。架空绝缘导线与裸导线线路的作业安全要求相同
		16.3.7应在架空绝缘导线的适当位置设立验电接地环或其他验电接地装置	2.2.2 在绝缘导线所有电源侧及适当位置（如支接点、耐张杆处等）、柱上变压器高压引线，应装设验电接地环或其他验电、接地装置
		16.3.8不应穿越未停电接地的绝缘导线进行工作	6.5.2 禁止作业人员穿越未停电接地或未采取隔离措施的绝缘导线进行工作
		16.3.9在停电作业中，开断或接入绝缘导线前，应采取防感应电的措施	6.5.3 在停电检修作业中，开断或接入绝缘导线前，应做好防感应电的安全措施
4	开断耐张杆引流线（异常电压）	7.4.3.5工作中，需要断开耐张杆塔引线（连接线）或拉开断路器、隔离开关时，应先在其两侧装设接地线	线路部分：6.4.8在同杆塔架设多回线路杆塔的停是线路上装设的接地线，应采取措施防止接地线摆动，并满足表3安全距离的规定。 断开耐张杆塔引线或工作中需要拉开断路器（开关）、隔离开关（刀闸）时，应先在其两侧装设接地线
		11.4.6高压配电线路带电作业装、拆旁路引流线时，应在检查确认旁路引流线及原引流线通流正常后，方可拆除短接设备或旁路引流线	9.3.5 带电接引线时未接通相的导线、带电断引线时已断开相的导线，应在采取防感应电措施后方可触及

表6-1（续）

序号	场景（雷区）	《中国南方电网有限责任公司电力安全工作规程》	《国家电网公司电力安全工作规程》（配电部分）条款
5	砍剪树木（安全距离不足）	14.7.1砍剪线路通道树木时对带电体的距离不符合表16规定的，应采取停电或采用绝缘隔离等防护措施进行处理	
		14.7.2在线路带电情况下，砍剪靠近线路的树木时，工作负责人必须在工作开始前，向全体人员说明：电力线路有电，人员、树木、绳索应与导线保持表16规定的安全距离	5.3.2 砍剪靠近带电线路的树木，工作负责人应在工作开始前，向全体作业人员说明电力线路有电；人员、树木、绳索应与导线保持表5-1 规定的安全距离
		14.7.3砍剪树木应有专人监护。待砍剪的树木下面和倒树范围内不准有人逗留，城区、人口密集区应设置围栏	线路部分：7.4.3 砍剪树木应有专人监护。待砍剪的树木下面和倒树范围内不准有人逗留，城区、人口密集区应设置围栏，防止砸伤行人。为防止树木（树枝）倒落在导线上，应设法用绳索将其拉向与导线相反的方向。绳索应有足够的长度和强度，以免拉绳的人员被倒落的树木砸伤。砍剪山坡树木应做好防止树木向下弹跳接近导线的措施
		14.7.4风力超过5级时，不应砍剪高出或接近导线的树木	5.3.8 风力超过5 级时，禁止砍剪高出或接近带电线路的树木

表6-1（续）

序号	场景（雷区）	《中国南方电网有限责任公司电力安全工作规程》	《国家电网公司电力安全工作规程》（配电部分）条款
5	砍剪树木（安全距离不足）	14.7.5树枝接触或接近高压带电导线时，应将高压线路停电或用绝缘工具使树枝远离带电导线，采取措施之前人体不应接触树木	线路部分：7.4.4树枝接触或接近高压带电导线时，应将高压线路停或用绝缘工具使树枝远离带电导线至安全距离。此前禁止体接触树木
		14.7.6为防止树木倒落在导线上，应设法用绳索将其拉向与导线相反的方向。绳索应绑扎在拟砍断树段重心以上合适位置，绳索应有足够的长度，以免拉绳的人员被倒落的树木砸伤	5.3.4 为防止树木（树枝）倒落在线路上，应使用绝缘绳索将其拉向与线路相反的方向，绳索应有足够的长度和强度，以免拉绳的人员被倒落的树木砸伤
6	摇测线路参数（突然来电）	18.1.1雷电天气时，禁止测量接地电阻、设备绝缘电阻及进行高压侧核相工作。沿线出现雷雨天气时不应进行线路测量工作	11.1.2 直接接触设备的电气测量，应有人监护。测量时，人体与高压带电部位不得小于表 3–1 的安全距离。夜间测量，应有足够的照明。
		18.1.2电气测量工作，至少应由两人进行，一人操作，一人监护。夜间测量工作，应有足够的照明	11.1.5 雷电时，禁止测量绝缘电阻及高压侧核相
		18.1.3电气测量时，人体与高压带电部位的距离不得小于表1的（作业安全距离）的规定	11.3.1.1高压回路上使用钳形电流表的测量工作，至少应两人进行。非运维人员测量时，应填用配电第二种工作票

表6-1（续）

序号	场景（雷区）	《中国南方电网有限责任公司电力安全工作规程》	《国家电网公司电力安全工作规程》（配电部分）条款
6	摇测线路参数（突然来电）	18.1.4非金属外壳的仪器，应与地绝缘，金属外壳的仪器和仪用变压器外壳应接地	11.3.1.2使用钳形电流表测量，应保证钳形电流表的电压等级与被测设备相符。 11.3.1.3 测量时应戴绝缘手套，穿绝缘鞋（靴）或站在绝缘垫上，不得触及其 他设备，以防短路或接地。观测钳形电流表数据时，应注意保持头部与带电部分 的安全距离。 11.3.1.4 在高压回路上测量时，禁止用导线从钳形电流表另接表计测量。 11.3.1.6 测量高压电缆各相电流，电缆头线间距离应大于300mm，且绝缘良好、 测量方便。当有一相接地时，禁止测量。 11.3.1.7使用钳形电流表测量低压线路和配电变压器低压侧电流，应注意不触及其他带电部位，以防相间短路
		18.4.1测量用的导线，应使用相应的绝缘导线，其端部应有绝缘套	11.3.2.1 测量绝缘电阻时，应断开被测设备所有可能来电电源，验明无电压， 确认设备无人工作后，方可进行。测量中禁止他人接近被测设备。测量绝缘电阻 前后，应将被测设备对地放电
		18.4.2测量设备绝缘电阻时，应将被测设备从各方面断开，验明无电压，确实证明设备无人工作后，方可进行。在测量中不应让他人接近被测量设备。在测量绝缘前后，应将被测量设备对地放电	11.3.2.2 测量用的导线应使用相应电压等级的绝缘导线，其端部应有绝缘套

表6-1（续）

序号	场景（雷区）	《中国南方电网有限责任公司电力安全工作规程》	《国家电网公司电力安全工作规程》（配电部分）条款
6	摇测线路参数（突然来电）	18.4.3测量线路绝缘电阻，若有感应电压，应将相关线路同时停电，取得许可，通知对侧后方可进行	11.3.2.3 带电设备附近测量绝缘电阻，测量人员和绝缘电阻表安放的位置应与设备的带电部分保持安全距离。移动引线时，应加强监护，防止人员触电
		18.4.4在带电设备附近测量绝缘电阻时，测量人员和绝缘电阻表安放位置应保持安全距离，以免绝缘电阻表引线或引线支持物触碰带电部分。移动引线时，应注意监护，防止工作人员触电	11.3.2.4 测量线路绝缘电阻时，应在取得许可并通知对侧后进行。在有感应电压的线路上测量绝缘电阻时，应将相关线路停电，方可进行
7	低压不停电作业（潮湿的地面）	16.5.2.1低压不停电作业应设专人监护	4.3.6 低压配电线路和设备停电后，检修或装表接电前，应在与停电检修部位或表计电气上直接相连的可验电部位验电
		16.5.2.2作业人员应穿绝缘鞋和全棉长袖工作服，戴低压绝缘手套或帆布手套、安全帽和护目镜，站在干燥的绝缘物上进行	4.4.1 当验明确已无电压后，应立即将检修的高压配电线路和设备接地并三相短路，工作地段各端和工作地段内有可能反送电的各分支线都应接地。 4.4.2 当验明检修的低压配电线路、设备确已无电压后，至少应采取以下措施之一防止反送电： （1）所有相线和零线接地并短路。 （2）绝缘遮蔽。 （3）在断开点加锁、悬挂“禁止合闸，有人工作！”或“禁止合闸，线路有人工作！”的标示牌

表6-1（续）

序号	场景（雷区）	《中国南方电网有限责任公司电力安全工作规程》	《国家电网公司电力安全工作规程》（配电部分）条款
7	低压不停电作业（潮湿的地面）	16.5.2.3作业人员应使用有绝缘柄的工具，其外裸露的导电部位应采取绝缘包裹措施，禁止使用锉刀、金属尺和带有金属物的毛刷、毛掸等工具	4.4.16 低压配电设备、低压电缆、集束导线停电检修，无法装设接地线时，应采取绝缘遮蔽或其他可靠隔离措施
		16.5.2.4工作前，应采取绝缘隔离、遮蔽带电部分等防止相间或接地短路的有效措施；若无法采取遮蔽措施时，则将影响作业的带电设备停电	8.1.4 低压电气工作，应采取措施防止误入相邻间隔、误碰相邻带电部分。 8.1.5 低压电气工作时，拆开的引线、断开的线头应采取绝缘包裹等遮蔽措施。 8.1.6 低压电气带电工作，应采取绝缘隔离措施防止相间短路和单相接地。 8.1.7低电压气带电工作时，作业范围内电气回路的剩余电流动作保护装置应投入运行。 8.1.8 低压电气带电工作使用的工具应有绝缘柄，其外裸露的导电部位应采取绝缘包裹措施；禁止使用锉刀、金属尺和带有金属物的毛刷、毛掸等工具
		16.5.2.5在高低压线路同杆塔架设的低压带电线路上工作时，应先检查与高压线的距离，采取防止误碰带电高压设备的措施。在下层低压带电导线未采取绝缘隔离措施或未停电接地时，作业人员不应穿越	8.2.1 带电断、接低压导线应有人监护。断、接导线前应核对相线（火线）、零线。断开导线时，应先断开相线（火线），后断开零线。搭接导线时，顺序应相反。禁止人体同时接触两根线头。禁止带负荷断、接导线
		16.5.2.6工作前，应先分清相线、零线，选好工作位置。断开导线时，应先断开相线，后断开零线。断开的引线、线头应采取绝缘包裹等遮蔽措施。搭接导线时，顺序应相反	11.3.1.7使用钳形电流表测量低压线路和配电变压器低压侧电流，应注意不触及其他带电部位，以防相间短路

表6-1（续）

序号	场景（雷区）	《中国南方电网有限责任公司电力安全工作规程》	《国家电网公司电力安全工作规程》（配电部分）条款
7	低压不停电作业（潮湿的地面）	16.5.2.7接线或拆线作业应逐相完成，并恢复该相绝缘后，方可进行下一步的作业。人体不得同时接触两根线头。	13.1.2 接入低压配电网的分布式电源，并网点应安装易操作、具有明显开断指示、具备开断故障电流能力的开断设备
		16.5.2.8低压作业范围内电气回路的剩余电流动作保护装置应投入运行	13.4.4 在有分布式电源接入的低压配电网上工作，宜采取带电工作方式
8	操作开关设备（电弧伤人）	9.5.1.1停电操作应按照“断路器→负荷侧隔离开关→电源（母线）侧隔离开关”的顺序依次操作，送电操作顺序相反	5.2.6.10 操作机械传动的断路器（开关）或隔离开关（刀闸）时，应戴绝缘手套。操作没有机械传动的断路器（开关）、隔离开关（刀闸）或跌落式熔断器，应使用绝缘棒。雨天室外高压操作，应使用有防雨罩的绝缘棒，并穿绝缘靴、戴绝缘手套
		9.5.1.2调度下达命令和现场电气操作，严禁带负荷拉（合）隔离开关、带接地刀闸（接地线）合断路器（隔离开关）、带电合（挂）接地刀闸（接地线）、误分（合）断路器；现场操作严禁误入带电间隔	5.2.8.1 装设柱上开关（包括柱上断路器、柱上负荷开关）的配电线路停电，应先断开柱上开关，后拉开隔离开关（刀闸）。送电操作顺序与此相反。 5.2.8.4 操作柱上充油断路器（开关）或与柱上充油设备同杆（塔）架设的断路器（开关）时，应防止充油设备爆炸伤人
		9.5.1.4雷电天气时，不宜进行电气操作，不应就地电气操作。刮风、下雨天气的设备操作，应根据气象情况和现场实际进行操作风险评估后，由值班负责人决定是否操作	5.2.6.12 雷电时，禁止就地倒闸操作和更换熔丝。 5.2.6.13 单人操作时，禁止登高或登杆操作

表6-1（续）

序号	场景（雷区）	《中国南方电网有限责任公司电力安全工作规程》	《国家电网公司电力安全工作规程》（配电部分）条款
9	操作令克（落物）	9.5.3.8装卸高压熔断器或跌落式熔断器时，应戴绝缘手套和穿绝缘鞋，应使用绝缘操作杆或绝缘夹钳。装卸高压熔断器时，还应戴护目镜，并站在绝缘物上	5.2.8.3 拉跌落式熔断器、隔离开关（刀闸），应先拉开中相，后拉开两边相。合跌落式熔断器、隔离开关（刀闸）的顺序与此相反
		9.5.3.9更换配电变压器高压跌落式熔断器熔丝时，应拉开低压侧断路器和高压侧跌落式熔断器；摘挂跌落式熔断器的熔管时，应使用绝缘棒、穿绝缘靴和戴绝缘手套，并派人监护	5.2.8.5 更换配电变压器跌落式熔断器熔丝，应拉开低压侧开关（刀闸）和高压侧隔离开关（刀闸）或跌落式熔断器。摘挂跌落式熔断器的熔管，应使用绝缘棒，并派人监护
		9.5.3.10雨天操作室外高压设备时，应使用有防雨罩的绝缘棒，并穿绝缘靴、戴绝缘手套	7.1.2 柱上变压器台架工作，应先断开低压侧的空气开关、刀开关，再断开变压器台架的高压线路的隔离开关（刀闸）或跌落式熔断器，高低压侧验电、接地后，方可工作。若变压器的低压侧无法装设接地线，应采用绝缘遮蔽措施。 7.1.3 柱上变压器台架工作，人体与高压线路和跌落式熔断器上部带电部分应保持安全距离。不宜在跌落式熔断器下部新装、调换引线，若必须进行，应采用绝缘罩将跌落式熔断器上部隔离，并设专人监护

表6-1（续）

序号	场景（雷区）	《中国南方电网有限责任公司电力安全工作规程》	《国家电网公司电力安全工作规程》（配电部分）条款
10	误认为拉开令克就是明显断开点（高压漏电）	7.1.1在电气设备上工作时，应有停电、验电、接地、悬挂标示牌和装设遮栏（围栏）等保证安全的技术措施	2.2.1 在多电源和有自备电源的用户线路的高压系统接入点，应有明显断开点。 12.2.11 高压跌落式熔断器与电缆头之间作业的安全措施： （1）宜加装过渡连接装置，使作业时能与熔断器上桩头有电部分保持安全距离。 （2）跌落式熔断器上桩头带电，需在下桩头新装、调换电缆终端引出线或吊装、搭接电缆终端头及引出线时，应使用绝缘工具，并采用绝缘罩将跌落式熔断器上桩头隔离，在下桩头加装接地线。 （3）作业时，作业人员应站在低位，伸手不得超过跌落式熔断器下桩头，并设专人监护
		7.2.1.1检修设备停电，包括以下措施： a）各方面的电源完全断开。任何运行中的星形接线设备的中性点，应视为带电设备。不应在只经断路器断开电源或只经换流器闭锁隔离电源的设备上工作。 b）拉开隔离开关，手车开关应拉至“试验”或“检修”位置，使停电设备的各端有明显的断开点。无明显断开点的，应有能反映设备运行状态的电气和机械等指示，无明显断开点且无电气、机械等指示时，应断开上一级电源。 c）与停电设备有关的变压器和电压互感器，应将其各侧断开	4.2.3 停电时应拉开隔离开关（刀闸），手车开关应拉至试验或检修位置，使停电的线路和设备各端都有明显断开点。若无法观察到停电线路、设备的断开点，应有能够反映线路、设备运行状态的电气和机械等指示。无明显断开点也无电气、机械等指示时，应断开上一级电源。 13.4.6 电网管理单位停电检修，应明确告知分布式电源用户停送电时间。由电网管理单位操作的设备，应告知分布式电源用户。以空气开关等无明显断开点的设备作为停电隔离点时应采取加锁、悬挂标示牌等措施防止误送电

表6-1（续）

序号	场景（雷区）	《中国南方电网有限责任公司电力安全工作规程》	《国家电网公司电力安全工作规程》（配电部分）条款
11	变压器台架上工作（安全距离不足）	16.3.3柱上变压器台架工作前，应检查确认台架与杆塔连接牢固、接地体完好，人体、工具、材料与邻近带电部位的距离应符合表1规定的作业安全距离	7.1.3 柱上变压器台架工作，人体与高压线路和跌落式熔断器上部带电部分应保持安全距离。不宜在跌落式熔断器下部新装、调换引线，若必须进行，应采用绝 缘罩将跌落式熔断器上部隔离，并设专人监护
		16.3.5柱上变压器台架工作，人体与高压线路和跌落式熔断器上部带电部分应保持安全距离。不宜在跌落式熔断器下部新装、调换引线；若必须进行，应采用带电作业方式进行或将跌落式熔断器上部停电	
12	变压器台架上工作（配变不完全停电）	16.3.4柱上变压器台架工作，应先断开低压侧的断路器，再断开变压器台架的高压线路的隔离开关或跌落式熔断器，高低压侧验电、接地后，方可工作。若变压器的低压侧无法装设接地线，应采用绝缘遮蔽措施	7.1.1 柱上变压器台架工作前，应检查确认台架与杆塔联结牢固、接地体完好。 7.1.2 柱上变压器台架工作，应先断开低压侧的空气开关、刀开关，再断开变压器台架的高压线路的隔离开关（刀闸）或跌落式熔断器，高低压侧验电、接地后，方可工作。若变压器的低压侧无法装设接地线，应采用绝缘遮蔽措施
		10.6.1作业前，应检查双电源和有自备电源的客户已采取机械或电气联锁等防反送的强制性技术措施，确保有明显的断开点	8.2.8 配电变压器测控装置二次回路上工作，应按低压带电工作进行，并采取措施防止电流互感器二次侧开路。 8.2.9 使用钳形电流表测量低压线路和配电变压器低压侧电流，应注意不得触及其他带电部位，以防相间短路

表6-1（续）

序号	场景（雷区）	《中国南方电网有限责任公司电力安全工作规程》	《国家电网公司电力安全工作规程》（配电部分）条款
13	解开变压器接地线（异常电压）	18.5.1测量杆塔、配电变压器和避雷器的接地电阻，可在线路和设备带电的情况下进行。解开或恢复配电变压器和避雷器接地引线时，应戴绝缘手套。不应直接接触与地电位断开的接地引线	11.3.5 测量杆塔、配电变压器和避雷器的接地电阻，若线路和设备带电，解开或恢复杆塔、配电变压器和避雷器的接地引线时，应戴绝缘手套。禁止直接接触与地断开的接地线
14	共用接地的两台配变停电检修（异常电压）	7.2.3.2线路停电工作前，应采取以下停电措施：f）两台及以上配电变压器低压侧共用一个接地引下线时，其中任一台配电变压器停电检修，其他配电变压器也应停电	4.2.5 两台及以上配电变压器低压侧共用一个接地引下线时，其中任一台配电变压器停电检修，其他配电变压器也应停电
15	其他（反送电）	7.2.4.2低压配电网停电工作前，应采取以下停电措施：断开所有可能来电的电源（包括解开电源侧和用户侧连接线），对工作中有可能触碰的相邻带电线路、设备应采取停电或绝缘遮蔽措施	2.2.1 在多电源和有自备电源的用户线路的高压系统接入点，应有明显断开点
		10.3.2低压屏（柜）内需要低压出线停电的工作，应断开相应出线空气开关，并在低压出线电缆头上验电、装设接地线，以防止向工作地点反送电	3.4.8 在用户设备上工作，许可工作前，工作负责人应检查确认用户设备的运行状态、安全措施符合作业的安全要求。作业前检查多电源和有自备电源的用户已采取机械或电气联锁等防反送电的强制性技术措施

表6-1（续）

序号	场景（雷区）	《中国南方电网有限责任公司电力安全工作规程》	《国家电网公司电力安全工作规程》（配电部分）条款
15	其他（反送电）	10.6.2停电操作前，设备运维管理单位应提前通知双电源和有自备电源的用电客户断开并网点的线路断路器、隔离开关，并监督用户实施，确认设备状态后做好记录	4.2 停电 4.2.1.5 有可能从低压侧向高压侧反送电的设备。 4.2.1.6 工作地段内有可能反送电的各分支线（包括用户，下同）
		16.5.1.5低压屏（柜）内需要低压出线停电的工作，应断开相应出线的空气开关，并在低压出线电缆头上验电、装设接地线，以防止向工作地点反送电	4.4.1 当验明确已无电压后，应立即将检修的高压配电线路和设备接地并三相短路，工作地段各端和工作地段内有可能反送电的各分支线都应接地。 4.4.2 当验明检修的低压配电线路、设备确已无电压后，至少应采取以下措施之一防止反送电： （1）所有相线和零线接地并短路。 （2）绝缘遮蔽。 （3）在断开点加锁、悬挂“禁止合闸，有人工作！”或“禁止合闸，线路有人工作！”的标示牌

第 7 章　贵州电网公司 A 类违章条款

7.1　速记 10 条 A 类违章要诀

“三擅二无一违章”“一不一未保安全”规定如下：

“三擅”：擅自开工；擅自操作运行设备；擅自解锁或未按规定安装锁具。

“二无”：无票作业；无封闭地线作业。

“一违章”：违章指挥。

“一不”：不满足许可条件许可工作。

“一未”：未验电就装设接地线。

“保”：高处作业失去安全带保护。

“安全”：安全距离不足。

7.2　现场作业违章条款

作业违章条款见表 7-1。

作业违章条款

序号	违章条款	主要表现	扣分对象	违章级别	违章代码
1	违章指挥	未停电、验电、接地，安排人员进行高压绝缘导线作业	工作负责人	A	A0101
		使用机械牵引、展放导线时，安排人员登水泥杆作业	工作负责人	A	A0102
		应两人进行的工作，指派单人作业（包括无监护）	相关人员	A	A0103
		其他强令、组织他人违章作业的情形	相关人员	A	A0104
2	无票作业	无票工作（不包括书面形式布置和记录）	相关人员	A	A0201
		无票操作（不包括调度综合命令票、书面形式布置和记录）	监护人操作人	A	A0202
3	擅自开工	未经许可人许可开展现场作业（含现场安全措施布置）	工作负责人	A	A0301
		外包工程项目未经批准进场施工	项目负责人	A	A0302
4	擅自操作运行设备	运行人员未经许可擅自操作运用中的电气设备	运行人员	A	A0401
		外单位人员操作运行设备	作业人员	A	A0402
5	不满足许可条件许可工作	未布置完成许可人措施许可工作	工作许可人	A	A0501
		未进行安全交底、交代许可工作	工作许可人	A	A0502
		未按要求退出重合闸许可带电作业	工作许可人	A	A0503
6	未验电就装设接地线	装设接地线前未验电	作业人员	A	A0601
		使用无效的验电器验电	作业人员	A	A0602
		验电后未立即装设接地线	作业人员	A	A0603

表7–1（续）

序号	讳章条款	主要表现	扣分对象	违章级别	违章代码
7	无封闭地线作业	未按规定在工作地点各侧装设地线（合上接地刀闸）	工作负责人	A	A0701
		工作人员扩大工作范围，进入接地线保护范围外作业	工作负责人	A	A0702
8	安全距离不足（人员、工具、材料等与邻近带电设备）	设备不停电工作时，与带电设备的安全距离不足未采取安全措施	工作负责人	A	A0801
		带电线路杆塔上工作与带电导线安全距离不足	工作负责人	A	A0802
		砍剪树木、立撤杆塔作业及杆塔、拉线、锚固拉线、临时拉线与带电导线的安全距离不足	工作负责人	A	A0803
		带电导线下层放、撤导线及检修（地）时与带电导线安全距离不足	工作负责人	A	A0804
		电力设备附近起重作业时与带电导线的安全距离不足	工作负责人	A	A0805
		地电位带电作业未按照规定保持足够的安全距离	工作负责人	A	A0806
		等电位带电作业未按照规定保持足够的安全距离	工作负责人	A	A0807
		人体与被验电设备的安全距离不足	工作负责人	A	A0808
		搬动物件与带电设备的安全距离不足	工作负责人	A	A0809

表7-1（续）

序号	违章条款	主要表现	扣分对象	违章级别	违章代码
9	高处作业失去安全带保护（Ⅱ级及以上）	不存在客观危险因素的高处作业（移动）距坠落基准面超过5m时，作业人员失去安全保护	作业人员	A	A0901
		存在临近带电体、湿冷天气、有害气体、抢险救灾等客观危险因素的高处作业（移动）距坠落基准面超过2m时，作业人员失去安全保护	作业人员	A	A0902
10	擅自解锁或未按规定安装锁具	未经许可擅自使用解锁钥匙	相关人员	A	A1001
		非当值运行人员、检修人员使用解锁钥匙	相关人员	A	A1002
		使用非常规解锁用具或方法解锁	相关人员	A	A1003
		未经许可或未落实防触电措施，擅自打开带电开关柜的前、后盖板、静触头绝缘挡板	相关人员	A	A1004
		高压开关柜、站用变及间隔式配电装置等网（柜）门处未安装五防锁或机械锁	管理人员	A	A1005